1時間でよくわかる

JA組合員のための総代ハンドブック

北川 太一

JN181832

家の光協会

はじめに

読者の皆さんは、これまで物事を決めるいろいろな場面を経験してきたと思います。人が集まって何かを決める際、一般的にどのような内容に決まったかという「結果」に注目が集まります。しかし、それと同じくらい重要なのが「決め方」です。

例えば、意見が分かれたとき、議論を深めることなく、すぐに多数決で決定したり、あるいはリーダーに一任するなどして、拙速に「結果」を求めたとしましょう。その場合、あとになって「そんなことは聞いてない」と不平・不満が出てきたり、十分に理解していないゆえのボタンの掛け違いが生じたりと、さまざまな不具合が生じることがあります。

一方、「決め方」を大切にして、より多くの人の意見を聞き、議論に時間を費やすとしましょう。その場合、当然時間がかかるので、非効率だと考える人もいるかもしれません。しかし、より多くの人が関与し、「みんなで決めた」という実感を持てれば、単なる「結果」の良しあしにとどまらず、広い視野、長い目で見て得られるものが多いはずです。

前置きがやや長くなりましたが、JAをはじめとする協同組合は出資者であり事業の利用者でもある組合員が、運営（物事を決める場）に参画するところに特徴があります。総会や総代会を開催し、一人一票のルールを採用するなど、物事の「決め方」を大切にしています。

そして、ＪＡの運営参画にとって重要な位置にあるのが総代の皆さんなのです。

ただし、正直、総代になってはみたものの、実はＪＡの事業や組織のことがよくわかっていないという人もいるかもしれません。

そこで本書は、改めてＪＡとはどんな組織なのか（第1章）、ＪＡはなぜさまざまな事業を行い、その事業の目的はどこにあるのか（第2章）についてていねいに解説しています。ＪＡの特徴、思いや願いを理解しておくことが、少々回り道であっても総代会資料を手に取り、総代会はもちろん集落座談会等の話し合いの場に出席した際に、興味・関心をより深く持って臨むことができると考えるからです。

また、総代会時に配布される総代会資料の読み方について、最低限押さえておきたいポイントを中心に説明し（第3章）、最後に、農業振興や地域の活性化に向けて、ＪＡや総代に求められている課題や「改正農協法」の問題などについて説明しています（第4章）。

本書を総代研修会などで活用していただくことはもちろん、項目ごとにやさしくＱ＆Ａの形式にしているので、総代の皆さん一人一人がハンドブックとして携行し、必要な部分を開いて参考にしていただくことを願っています。

２０１６年10月

北川 太一

目次

●装丁・本文デザイン・DTP製作／ニシ工芸
●校正／佐藤博子

第1章

ＪＡがめざすものと組合員・総代の役割

「総代ってどんなことをすればいいの？」

本書を手にした方の多くは、そんな疑問を抱いていることでしょう。

その答えを知るには、そもそもＪＡは何をめざしている組織なのか、
そして、組合員とはどんな存在なのかを知っておく必要があります。

まずは、ＪＡと組合員に関する基本を押さえましょう。

1

Q

JAという組織の特徴は？

A

JAは一人一人が力を合わせて、一人ではできないことを実現する「協同組合」です。

株式会社でも行政機関でもない協同組合

JAとはJapan Agricultural Co-operativesの略で、日本の農業協同組合（農協）につけられた愛称（ニックネーム）です。現在、全国に551（2022年7月1日現在）のJA（総合農協）がありますが、地域のJAに加えて、全農や中央会など全国や都道府県の連合組織も含めてJAグループと呼んでいます。

JA以外にも、漁業協同組合（漁協：JF）、森林組合（森組：JForest）、生活協同組合（生協：CO・OP）、事業協同組合、信用金庫、信用組合といったさまざまな協同組合があり、それぞれの目標を掲げて事業や活動を行っています。このようにJAは協同組合であり、民間の株式会社でも行政機関でもありません。「協同」ということを大切にして運営する組織です。協同とは「同じ目標・目的を持った人々が一人一人力を合わせ、１人ではできないことを実現すること」であり、協同組合の重要な役割は協同の力を発揮することです。

こうした協同組合の重要性が、地域で、日本で、そして世界中で高まっています。契機の一つになったのが、２０１１年3月に起こった東日本大震災でした。実際、災害を受けた現場では、被害に遭った多くの人たちを支えるためにＪＡをはじめとするさまざまな協同組合が貢献し、協同のネットワークが大きな力を発揮しました。食料をはじめとした生活物資の供給、日常の買い物に必要な店舗の開設、医療・看護の活動、仕事づくり、共済金の支払い、子どもたちのための学習支援、組合員や職員によるボランティア派遣など、多くの協同組合がそれぞれの特徴を生かして被災地の復興のために力を尽くし、それは今も続いています。

日本で、世界で注目される協同組合の役割

２００９年12月の国連総会で、２０１２年を「国際協同組合年」（ＩＹＣ：International Year of Co-operatives）とすることを定めました。世界的にみると、発展途上国を中心に深刻化する食料危機や、リーマンショックに端を発する金融・経済危機が広がっていました。こうした中で、地域に根ざした事業を展開し、食料の生産や流通において重要な役割を果た

すＪＡをはじめとする協同組合の活動が、危機の時代にあっても一般の企業にはない力を発揮して安定的な経済や社会のしくみをつくる存在として注目されたのです。

ちなみに、国際協同組合年のスローガンは、「協同組合がよりよい社会を築きます」（Co-operative enterprises build a better world）でした。これは、組合員が組織し、組合員の利益を追求する協同組合が、真摯に事業や活動を展開することで豊かな地域社会づくりを実現できることを示したものです。つまり、「自分たちさえよければ」という考えではなく、組合員が住み、協同組合が存在する地域社会もよりよくすることが協同組合の役割であり、民間企業や行政では発揮できない社会的役割の重要性が改めて確認されました。

なお協同組合は、19世紀半ばにイギリスをはじめとするヨーロッパで設立されましたが、その後は世界中に広がりました。現在では、約１１０か国、３００以上の団体がＩＣＡ（国際協同組合同盟）に加盟し、ＩＣＡは世界の協同組合の組合員12億人以上を代表しています。日本では現在、ＪＡ全中（全国農業協同組合中央会）をはじめとする17団体が加盟しています。

近年、自由な経済活動を軸にした資本主義経済が行きすぎると、さまざまなゆがみが生じることが明らかになってきました。公害問題、企業倫理の問題、経済的格差などです。こうした問題を是正し、よりよい暮らしと地域社会をつくる活動の受け皿になり、協同の輪を広げていく。こうした協同組合の役割が、世界中でますます重要になってきているのです。

2
Q　ＪＡがめざすものは何か？

A　農業振興をはじめ、食や暮らしに関わる幅広い活動を通じて、農と食、地域社会に貢献する組織です。

農協法に示されているＪＡ設立の目的

前項で、「協同組合はそれぞれの目標を掲げて事業や活動を行っています」と紹介しましたが、それでは、ＪＡが掲げる目標（大切にしている思いや願い）とは何でしょうか。農協法（農業協同組合法）には、その第1条に次のように記されています。

「この法律は、農業者の協同組織の発達を促進することにより、農業生産力の増進及び農業者の経済的社会的地位の向上を図り、もつて国民経済の発展に寄与することを目的とする」

ここで書かれているように、ＪＡは農業協同組合ですから、農業の生産力が高まる、農家の農業所得が向上する、地域の農業が発展するといった農業の発展に貢献することが、ＪＡ

の重要な役割です。ただし、ＪＡでは農をより広い意味で、つまり農地、農村の暮らしや環境、わたしたちが日ごろ口にする食料も含めて考えています。

実際、ＪＡは農や食に関わってさまざまなことに取り組んでいます。農産物の直売所（ファーマーズマーケット）を開設し、地域の人たちに地元でとれた新鮮な農産物を提供する。地域の学校に給食用の農産物を供給する。また、田畑を利用して子どもたちに農作業体験の場をつくるといった取り組みもその一例で、食農教育活動と呼ばれています。

あぐりスクールを開設するＪＡも増えてきました。これは、月1回程度子どもたちを対象に、農業体験や実習、食の問題を考えるカリキュラムを用意して、ＪＡの職員、女性組織や青年組織のメンバーが先生役になって進めていくものです。地元の高校生や大学生もボランティアとして関わる場合もあります。

このようにＪＡは、農業者を応援すると同時に、農や食の大切さを地域の人たちに知ってもらうことにも力を入れています。それは長い目でみれば、農業や食料問題を理解する人を増やし、将来、地域の農業を支える力になると考えているからです。

ＪＡ綱領にまとめられた思いや願いとは？

ところで、ＪＡには「ＪＡ綱領」と呼ばれるものがあります。総代会資料の表紙裏などに

ＪＡ綱領を記載しているＪＡも多いと思います。それまでは、戦後間もない１９５１年に策定された農業協同組合員綱領がありましたが、１９９５年に世界共通に定められた「協同組合原則」（ＩＣＡ95年原則）の内容も踏まえて、ＪＡに関わる組合員および役職員が共有すべきものとして、１９９７年に新しく策定されました。

「綱領」とは少しかたい言い方ですが、多くの辞書には「物事の大切なところ。組織や団体の目的・方法などをまとめたもの」などと書かれています。つまりＪＡ綱領には、わたしたちＪＡの仲間が大切にすべき思いや願い、事業や運営の方法などが集約されており、それは組織内にとどめるのではなく、広く世間に対して発信すべきものです。

さて、ＪＡ綱領は前文と５つの主文から成り立っていますが、まず前文には次のように書かれています。

「わたしたちＪＡの組合員・役職員は、協同組合運動の基本的な定義・価値・原則に基づき行動します。（中略）このため、わたしたちは次のことを通じ、農業と地域社会に根ざした組織としての社会的役割を誠実に果たします」

ＪＡは農業の問題を中心に据えながら、地域社会とともに歩む存在をめざしていることがわかります。前文に続いて、５つの主文が示されています。

わたしたちは、

一、地域の農業を振興し、わが国の食と緑と水を守ろう。

一、環境・文化・福祉への貢献を通じて、安心して暮らせる豊かな地域社会を築こう。

一、ＪＡへの積極的な参加と連帯によって、協同の成果を実現しよう。

一、自主・自立と民主的運営の基本に立ち、ＪＡを健全に経営し信頼を高めよう。

一、協同の理念を学び実践を通じて、共に生きがいを追求しよう。

とくに、最初の２つに注目してください。

農業に加えて、食と緑と水の問題も含めて考えていること、環境、文化、福祉の問題にも取り組みながら、豊かな地域社会づくりをめざしていくことが記されています。また後半の３つには、参加、協同、民主的運営、信頼、学び、生きがいなど、協同組合を運営していく際の大切な考え方が示されています。

ＪＡが大切にしている願い、果たすべき役割とは、わたしたちにとってかけがえのない農を守り育み、農や食の大切さを１人でも多くの人に知ってもらうこと、このことを通じて住みよい豊かな地域社会を築くことです。

3

Q 組合員に求められる役割とは？

A 協同組合において組合員は出資者であり、利用者であり、運営者でもあります。

配当が目的の株主に対して組合員は願いの実現が目的

ＪＡをはじめとする協同組合を構成するのは組合員です。組合員になるためには出資をする必要があり、協同組合は出資金を元に事業・運営を行います。これに対して、株式会社を構成するのは株主です。株主は、その会社の株式を購入し、それを元に会社は事業・経営を行います。

では、組合員と株主との違いはどこにあるのでしょうか。

協同組合に出資をした組合員は、協同組合が大切にしている思いや願いに賛同しています。

ＪＡの組合員は、営農を含めた暮らしの向上を願っている人たちで、出資したお金に対する還元を目的とはしていません。

一方、株主はできるだけ高い配当を受け取るために、自分が保有する株式の価値が上がることを期待しています。株式会社は、多くの利潤を上げて、少しでも多くの配当を株主に還元できるよう努力します。言い換えるなら、株主は投資家です。保有する株式の価値が高まると思えばそのまま保有しつづけるでしょうし、これ以上保有しても価値が上がらないと判断すれば売却してしまうでしょう。協同組合に出資する組合員は、投資が目的ではないのでけっして株主のような行動はとりません。

資本の大小に左右されない一人一票の民主的運営

さらに、協同組合の組合員には重要な役割があります。それは、自分たちの思いや願いを協同組合の事業や運営に反映すること。つまり、自らが主体的に、いろいろな知恵を出し合い、創意工夫をしながら協同組合の運営に関わることです。

したがって、協同組合には組合員が参画し意思を反映するしくみが必要です。それが「総会」と呼ばれるもので、組合員全員が集まってみんなの意思を事業や運営に反映させるために毎年開かれます。ただし、組合員数が多いところではすべての組合員が集まることは難しくなります。そこで、組合員の中からあらかじめ総代と呼ばれる人を選び、その人たちが集まって「総代会」を開催します。近年、ＪＡは合併して組織が大きくなり組合員数が多くなっていることから、総代会を採用するＪＡが多くみられます。

総代会では、第3章でも述べるように過去1年間に実施した事業報告を承認し、これから1年間の事業計画を決定するとともに、協同組合の経営に関わる理事などの役員を選びます。このように協同組合では、構成者である組合員自らが物事を決定する場に参画し、経営者を選ぶというかたちをとっています。

また協同組合と株式会社とでは、物事を決める方法において決定的な違いがあります。それは、一人一票制と一株一票制の違いです。協同組合は、出資額が多いか少ないかによって議決権に差はありません。これに対して株式会社の場合は、その会社の株式を多く所有する株主ほど議決権が多く与えられます。極端に言えば、株式会社ではその会社の株を半数以上保有すれば、会社の運営を思いどおりにする（乗っ取る）ことができるわけです。いわば、資本を〝多く持つ者が強く、持たざる者は弱い〟という考え方です。

これに対して協同組合は、人と人とが結びつき、力を合わせる組織ですから、株式会社のように特定の人の意見のみが通る運営が行われたり、外部の組織に協同組合が支配されたり

協同組合と株式会社の一般的な違い

	協同組合	株式会社
目的	→非営利目的 組合員の生産と生活を守り向上させる（組合員の経済的・社会的地位の向上、組合員および会員のための最大奉仕）	→利潤の追求（営利目的） 利潤を上げていくことを第一に事業を展開する
組織者	→組合員 農業者、漁業者、森林所有者、勤労者、消費者、中小規模の事業者など	→株主 投資家、法人
事業利用者	事業は根拠法（JAの場合は農協法）で限定 事業利用を通じた組合員へのサービス 利用者は組合員	事業は限定されない 利益金を通じた株主へのサービス 利用者は不特定多数の顧客
運営者	組合員（その代表者）	株主代理人としての専門経営者
運営方法	一人一票制 （人間平等主義に基づく民主的運営）	一株一票制 （株主による運営支配）

資料：JA全中『JAファクトブック2016』より一部改変

するという事態は避けなければなりません。一人一票制をとることによって、協同組合を構成する組合員の意思が平等に扱われています。人間の組織であることを大切にする協同組合と、資本（お金）の組織としての顔を持つ株式会社との違いが、こうした運営方法の違いにも表れています。

このように協同組合の組合員は、出資をする人であると同時に事業を利用する人であり、さらには組合員の中から総代や役員を選ぶといった運営に参画する人です。つまり、出資者、事業の利用者、運営の参画者という3つの顔を持っているわけで、株主、お客さん、経営者が必ずしも同一ではない株式会社とは大きく異なっています。

4

Q 総代会とは何か？

A **国で言うところの国会に当たり、組合員がＪＡ運営の重要事項を決める会議です。**

正組合員５００人以上のＪＡでは総代会を開催できる

前項で述べたように、ＪＡへの出資者である組合員にとって事業を利用するとともに運営に参画することは大切な役割であり、組合員の運営参画の場としてもっとも重要なのが総会や総代会です。国にたとえるといわば国会に当たるところで、組合員の意思を反映し、ＪＡ運営の大きな方向性を決める最高機関に位置します。

農協法では第44条や第46条などに、必ず総会や総代会にかけなければならない事項を規定しています。おもなものとして、定款の変更、組合の解散および合併、組合員の除名、事業の全部の譲渡など、組織全体のあり方に関わる重要事項、規約や各事業規程の設定・変更・廃止、毎事業年度の事業計画の設定および変更、経費の賦課および徴収の方法、事業報告書・貸借対照表・損益計算書・剰余金処分案および損失処理案の承認（詳しくは第3章を参照）など、事業や運営に関する事項があります。

以前のようにＪＡの組織が小さい時代は、総会に組合員全員が出席して物事を決めていました。もちろん、現在も総会を開催しているＪＡはありますが、合併が進み組合員の数が多くなると、組合員全員が集まることは難しくなります。そこで、正組合員が５００人以上のＪＡでは総代会を開催することができます。総代会に出席するのが総代で、組合員の代表として正組合員の中から選ばれます。正組合員５人につき１人の総代を選びますが、正組合員が２５００人を超えるＪＡでは、総代は５００人以上とされています。したがって、合併したＪＡの多くは、総代の数は５００人程度になっています。

総代会進行のおおまかな流れ

さて、総代会には、通常総代会と臨時総代会があります。前者は、毎年1回必ず開催され、後者は、必要に応じて開催されます。通常総代会の重要な役割は、過去1年間、ＪＡがどのような事業・運営を行ってきたか、その結果、ＪＡの決算はどうなったかという事業報告、

総代会の概要

総代会の設置条件	正組合員数が 500 人以上いること
総代の定数	正組合員総数の 1/5 以上 （正組合員が 2500 人を超える組合は 500 人以上）
総代になれる人	正組合員による総会、または総会外の選挙で選ばれた正組合員※ （任期は 3 年以内で、定款で定める）
総代会の種類	通常総代会→年に 1 回必ず開催される 臨時総代会→必要に応じて開催される
定足数 （必要な出席者数）	普通議決事項→定款・規約で定める （多くは総代の過半数） 特別議決事項→総代の過半数
総代会の おもな議決事項	普通議決事項（出席した総代の過半数の賛成で議決） ・毎事業年度の事業計画の設定・変更 ・経費の賦課および徴収の方法 ・事業報告書・貸借対照表・損益計算書・剰余金処分案および損失処理案 ・組合または中央会への加入および脱退 ・役員・会計監査人の選任
	特別議決事項（出席した総代の 2/3 以上の賛成で議決） ・定款の変更 ・組合の解散・合併 ・組合員の除名 ・事業全部の譲渡
総代会だけでは 決められない 議決事項	組合の解散・合併 →総代会で議決（可決）したのち、その内容を正組合員に通知しなければならない（このとき正組合員には総会招集の請求権が認められている）

※地域によって、議決権はないものの准組合員を総代に登用しているところもある（P73）
資料：全国農業協同組合中央会編集・発行『私たちと JA 10 訂版』（2013 年）、
全国共同出版編集・発行『JA総代の手引 第 17 版』（2016 年）、
阿部四郎『農協総代会の手引き』（農山漁村文化協会 2004 年）等を元に作成

ならびに、これから1年間どのような方針でＪＡを運営するか、さらにそのための事業計画を議論し承認することです。また、理事など役員の任期が終わり改選する必要があるときも総代会の議案となります。総代会は多くの場合、次のような手順で進められます。

①**招集**　総代のもとに、多くは代表理事組合長名で招集通知が届きます。

②**受付**　出席者が総代（もしくは代理人）であることを受付で確認します。

③**出席状況の報告**　定足数を満たし、総代会が成立していることが報告されます。

④**議長選出**　出席している総代の中から選ばれます。

⑤**議案の説明と質疑**　議長の進行のもと、役員から事業報告などの議案が提出・説明され、質疑を行います。

⑥**議決**　通常の議案は、出席者の半数を超える賛成があれば議案は可決されます。

⑦**総代会の終了**　すべての議案が審議・議決されれば総代会は終了します。

これ以降は、総代会で決定された事業計画に即して、理事会がより具体的な業務として執行することになります。また、総代会での決定事項は重要であり、関係者が共有すべきものなので、後日、議事録が作成され保管されます。

第2章

総代として知っておきたい
ＪＡの事業と目的

総代会資料には、各事業部門の収支決算や事業報告などがとても詳細に記載されています。

総代は、これら業務報告書の議論・承認が大きな仕事の一つですが、ＪＡはどのような目的でどんな事業を展開しているのか、まずは、その概要を知っておきましょう。

Q 1 JAはどんな事業をしているのか？

A **組合員の営農と生活を守るため、総合農協としてさまざまな事業を行っています。**

協同組合にとっての事業の役割

協同組合では、その特性を発揮するために必要な考え方や大切にしたい価値、運営のルールなどを「協同組合原則」として定めており、世界中の仲間が共有しています。そこでは、協同組合とは「人々が自主的に結びついた」ものであり、「民主的に管理された事業体」を通じて、「わたしたちの願いを満たすことを目的とする」と定義しています。このように協同組合の事業とは、わたしたちの思いや願いを具体的に実現していくための手段・方法であり、事業を行うことによって利潤を上げることが協同組合の目的ではありません。

例えば、1戸の農家が作っている農産物は、市場全体からみると小さなものです。でも、多くの農家が自ら作った農産物をＪＡに出荷して量を増やし、それらをまとめて市場に販売すれば、有利な価格を実現することができます。あるいは、もっと新鮮な食料品を購入したい、生活していくうえで安全・安心な商品やサービスを手に入れたいと願っている人がいるとします。１人の力ではどうしようもありませんが、そう願っている人たちが集まって共同購入を行い、店舗を構えて必要量を取りそろえて利用できるようにすれば、みんなが望んでいるものを適正な価格で手に入れることができます。

このように協同組合の事業は、一人一人の小さな活動の積み重ねです。農産物を出荷する、商品を購入する、貯金をする、共済の掛金を支払うというように、一人一人の経済的な行為を束ねることによって有利性を発揮し、農業所得の向上や暮らしの改善といったわたしたちの願いを実現していくのです。

JAがさまざまな事業を営む理由

とはいえ、ＪＡが行っている事業は、民間企業が行っているビジネスとそれほど変わらないように映るかもしれません。しかし、事業の利用者である組合員はけっして〝お客さん〟ではない、ということが重要です。組合員が、営農も含めた暮らしをよりよくしていくために利用するのが事業であり、事業をよりよくしていくために、組合員の声や活動が集約されています。そこが、ＪＡ事業が民間企業のビジネスとひと味もふた味も違うポイントです。

ＪＡでは、次項から説明するように、営農指導・生活指導、販売、購買、信用・共済、福祉・厚生など、さまざまな事業を展開しています。このように多くの事業を営むＪＡは、総合農協と呼ばれています。

なぜ総合農協の形態をとっているのかといえば、それは日本の大部分の農家が、家族を基盤として成り立っている家族経営であることと関係しています。家族経営というのは、自分たちが所有している農地や機械、家族の労働力などを使って農業生産を行い、それを販売し、現金収入を得るしくみです。そして、こうして得られた現金収入を家計に回して、生活に必要な商品を購入し、貯蓄し、共済に加入します。さらには、農業や生活のために必要な資金を借りる、介護サービスを利用することもあるでしょう。

協同組合であるＪＡの存在目的は、営農も含めてわたしたちの暮らしを守ることであり、そのための手段として事業を行います。したがって、ＪＡは家族を単位とした農業生産や生活に関わる部分を事業として応援し、組合員はそれを利用するわけです。

協同組合の存在目的は、組合員の暮らしを守ることであり、そのための手段として事業を行います。さまざまな事業を通じて、組合員が農業生産に安心して取り組み、所得を上げて家族の豊かな暮らしの実現を応援することが総合農協であるＪＡの重要な使命です。

2

Q 営農指導と生活指導の目的は？

A 組合員の営農や暮らしと向き合って問題を解決する、総合農協に欠かせない事業です。

総合農協を支える指導事業

ＪＡが展開する事業と民間企業のビジネスとの違いの一つに、ＪＡは組合員に対する指導事業を持っていることがあげられます。指導事業は、それ自体で直接に収益を生むものではありませんが、組合員に接しながら営農や生活上の問題と向き合い、相談に乗り、組合員とともに解決の方向を考えていくという点で、総合農協の重要な位置を占めています。

指導事業には、大きく営農指導事業と生活指導事業の２つがあります。

●営農指導事業

ＪＡの営農指導事業は、営農指導員（ＪＡによっては、営農相談員、営農技術員など）と呼ばれる職員が担当します。営農指導事業の内容は、農家を対象に栽培技術や販売に関する指導・相談業務を行うことです。近年では、地域農業振興のためのビジョン・計画を作ること、行政や普及指導員とも連携しての農業の担い手や集落営農組織などの育成、また、生産履歴記帳や農産物の表示問題といった安全・安心問題への取り組み、たとえ小規模であっても農産物直売所に出荷する生産者を育成していくことも重要な取り組みになっています。

営農指導にしっかり取り組むことで、農業生産が伸び、販売事業や生産資材の購買事業、さらには販売代金が入ることによって信用事業へと結びついていきます。

●生活指導事業

ＪＡの生活指導事業は、生活指導員（ＪＡによっては、生活コーディネーターなど）と呼ばれる職員が担当します。組合員の暮らしの課題を解決し、豊かに生きていくために、共同購入や健康管理、料理や趣味・娯楽、助け合いの活動を支援します。

また女性組織の事務局なども担いながら、組織活動を活発にしていくことも大切な取り組みです。近年では、営農指導事業とも連携した食農教育や都市農村交流、高齢者の生きがいづくりや子育て支援、さらには若い女性も対象にした女性大学開講の取り組みなど、地域と結びついた活動が活発に行われており、「ＪＡくらしの活動」あるいは「生活文化活動」と呼んでいます。また、近年はこうした活動をＪＡの支店（支所）単位で行うことが重要になっています。つまり、組合員にとって身近な存在である支店を重視し、そこを組織活動や運営の拠点とすることにより、ＪＡ、組合員、地域住民、さらには学校などの組織や団体とさまざまなつながりをつくる活動です。これは「支店協同活動」と呼ばれており、支店の職員を中心に、組合員組織や理事、総代とも話し合い、企画・運営が行われています。

いずれにせよ、生活指導に取り組むことは、営農面の事業はもちろん、安全・安心な商品を取り扱う生活購買事業、家計簿記帳を進めて暮らしの設計を提案することで、信用・共済事業にもつながっていきます。

指導事業は、組合員へのいわばサービス的な事業です。したがって、総代会資料を見てもわかるように、信用・共済事業や経済事業に比べて収益や費用の額がきわめて少なく、加えて費用が収益を上回っているために、事業総利益が赤字（マイナス）となっています。

しかし、指導事業は組合員や地域と直接向き合う事業であり、そこから他の事業への波及効果を生み出します。さらに、ＪＡくらしの活動や支店協同活動のように地域住民も巻き込んだ活動を展開することから、ＪＡの仲間づくりへと発展する事業でもあります。総代会で、剰余金処分案の一つとして営農や生活・福祉に関する基金の積み立てが審議されることがありますが、それは指導事業の重要性が認識されているからなのです。

3

Q 販売事業の目的は？

A 組合員が生産した農産物を、高い価値で安定的に販売することです。

安定した農業所得を得るための「共同販売」

農家が作り育てた農畜産物を集めて卸売市場に販売したり、直接、量販店や小売店と取引するのがＪＡの販売事業です。販売事業と次に述べる購買事業を併せて経済事業と呼びますが、経済事業は、地域のＪＡ、道県の経済連や全農都府県本部、さらには全農本所がそれぞれの役割を分担しながら事業を展開しています。また、集出荷施設や米の乾燥調製施設などの管理運営を行い、農家の栽培指導や経営上の相談業務を行う営農指導事業とも連携して取り組みます。

ＪＡの販売事業の中心は「共同販売」という方法で、一定の数量と規格や等級が均一化された農産物を、都道府県段階や全国段階の連合組織を通じて卸売市場に販売します。卸売市場では、卸売業者と呼ばれる人たちが仲買人や小売店も含めた売買参加者らと取引を行います。ＪＡは原則として、卸売業者に売値、時期、出荷先などの条件をつけることなく販売を委託しますが、取引の結果は一定期間の平均価格で出荷農家に還元する「共同計算」で精算することによって、農家が安定した所得を得られるように工夫されています。

消費者ニーズをつかみ、農産物の価値を高めていく

近年では、ＪＡが自ら関連の事業者と直接取引・販売を行うことや、農産物を加工することで付加価値を高めること（農業の六次産業化）、地元の中小企業と提携して地元農産物を活用した商品を開発する農商工連携の取り組みも増えてきました。また、地産地消の考え方を重視して農産物直売所（ファーマーズマーケット）を開設し、地域の人たちに新鮮な農産物を提供することも、販売事業を通して生産者と消費者を結ぶ重要な取り組みです。

こうした農畜産物の販売事業の成果は、総代会資料においては品目別の取扱高や農産物直売所の売上高となって示されています。またそれだけではなく、総代会資料にはＪＡ管内の農畜産物を地域内外にＰＲする取り組みや、行政や国に対してさまざまな要請活動を行っている様子（農政広報活動）も紹介されています。

4

Q 購買事業の目的は？

A 組合員が必要とする資材・サービスを、良質かつ安定的に提供していくことです。

生産と生活に関する購買事業

ＪＡの購買事業は、組合員が営農や生活のうえで必要としているものを安定的に、かつ良質なものをできるだけ低価格で供給するための事業です。販売事業と同じように、おもに全農などの連合組織を通じて行われます。

購買事業は、農家が農業経営に必要な生産資材を取り扱う生産資材購買事業と、組合員が日常の生活に必要な用品を供給する生活資材購買事業があります。

●生産資材購買事業

肥料、農薬、飼料、農業機械、農業用の燃料や自動車などを取り扱いますが、組合員が前もって必要な量を注文し、それを受けてＪＡが共同で発注・仕入れを行う「予約注文」方式が中心です。近年ではＪＡグリーンなどと呼ばれる生産資材店舗を開設し、休日営業によって利用者の利便性を高め、店舗内で営農指導員が農業経営や家庭菜園の相談に乗るところも増えてきました。また、とくに大規模な農業経営者に対しては、生産費用を削減して農業所得を少しでも上げてもらうために大口取引による割引を行うなど、農業経営を支援しているＪＡもあります。

●生活資材購買事業

食料品や衣料品はもとより、家電をはじめとする耐久消費財、保健や雑貨用品、家庭燃料などさまざまなものを取り扱っています。また、ガソリンスタンド（ＳＳ）や生活店舗（Ａコープなど）といった施設を持つＪＡも多くあります。近年では、生活店舗の中に地元農産物の直売コーナーを設けて、ＪＡらしい地産地消を大切にした運営を行うところも多くなってきました。

販売事業と同様に、購買事業も組合員の生産と暮らしに直結する重要な事業です。総代会資料の事業報告には、例えば、消費税の増税や生産資材の価格高騰が生産者に多大な影響を与えることから、購買品の仕入れ対策やＡコープ店などで価格の安定した地元の産品を積極的に取り扱うといった取り組みが記載されています。

5

Q 信用・共済事業の目的は？

A 組合員の収入や掛金を原資として、営農と生活を支え、助け合うのが事業の目的です。

人と人の信頼で成り立つ信用事業と組合員が救い合う共済事業

ＪＡの信用事業は、貯金の受け入れ、資金の貸し付けや有価証券などの運用を行うので、このかぎりでは、一般の銀行業務とさほど変わりはありません。しかし、ＪＡの場合〝信用〟という言葉に象徴されるように、人と人との信頼関係によって成り立っている事業です。とくに、一般の顧客を対象とした銀行の業務とは違って、ＪＡの組合員から農産物の販売代金などで得られた収入を貯金として受け入れ、それを原資として組合員の営農改善や生活に必要な資金として貸し付けるという考え方を大切にしています。信用事業は組合員の大切なお金を預かり運用する事業ですから、もしものことがあってはいけません。ＪＡグループにおいては、地域のＪＡ、都道府県の信連、全国段階での農林中央金庫が一致協力しながら、事業の破綻を未然に防ぐしくみ「ＪＡバンクシステム」がつくられています。

共済事業は、民間企業が行っている保険に当たるものです。ただし、ＪＡの共済事業の考え方は民間とは大きく異なります。共済というのは「ともに救い合う」ということです。つまり、不特定多数の〝お客さん〟を対象にするのではなく、ＪＡの仲間である組合員の暮らしを守るために、自ら共済の掛金をＪＡに支払って契約を結びます。そして、組合員が万が一の事故や災害に遭ったとき、共済金が組合員に支払われます。１９９５年1月に起こった阪神・淡路大震災や、２０１１年3月に起こった東日本大震災では、被災者の支援のためにＪＡの仲間の力が結集し、共済事業が大きな力を発揮しました。

総代会資料の損益計算書では信用・共済事業の取扱額は大きく、ＪＡの経営にとって重要な役割を果たし、貸借対照表では、組合員の貯金がＪＡグループへの預金とともに有価証券や貸出金として運用されていることがわかります。また事業報告書を読むと、地域を支援するためのＪＡらしい定期貯金を取り扱っていることや、年金受給者を対象としたセミナーやスポーツ大会・旅行、さらには管内の小学生を対象にした交通安全教室の開催など、信用・共済事業が組合員や地域と結びつきながら事業が行われていることがわかります。

6

Q 高齢者福祉、厚生事業を行う理由は？

A 生涯にわたって、組合員が健康で幸せに暮らしていくための事業です。

地域の農や暮らしを担ってきた人たちを〝ゆりかごから墓場まで〟支える取り組み

長年にわたって地域の農業や暮らしを支えてきた人たちが、生涯、生き生きと暮らすことを応援する高齢者福祉や健康管理、厚生事業もＪＡの重要な取り組みです。

高齢者福祉事業の一つの柱は、元気高齢者に対する取り組みです。ＪＡでは、高齢者の生きがいづくりや配食サービス、介護を必要とせず自立して生活するための「健康寿命１００歳プロジェクト」などを通して、高齢者の生活支援を行っています。また、組合員の健康を守るために、定期的な健診活動や健康相談、食生活改善などを行う健康管理事業、ＪＡが中心となって病院を経営し医療活動を行う厚生事業も行われています。

もう一つの柱は、介護を必要とする高齢者に対する支援で、介護事業と呼ばれるものです。ＪＡでは１９９０年ごろから、農村社会での介護の担い手としてホームヘルパーを養成し、「ＪＡ助けあい組織」を結成してきました。２０００年に介護保険制度が導入されたことをきっかけに、介護事業に取り組むＪＡも増えてきました。その内容は、ホームヘルプサービス（訪問介護）、デイサービス（通所介護）、ケアマネジャーによる介護プランの作成（居宅介護支援）、訪問入浴、福祉用具の貸与・販売などです。最近では、運動機器などをそろえて高齢者の身体機能を維持する介護予防に取り組むＪＡもあります。

「福祉」という言葉は、〝幸せ〟を意味します。ＪＡのこれらの事業は、〝ゆりかごから墓場まで〟組合員が幸せな生涯を送るためにあるといえます。近年では、ＪＡが葬祭事業として、葬祭会館（斎場）を設立して葬儀を行うところも増えてきました。

今後、農村部はもちろん、都市部においても人口減少や高齢化の問題が深刻になるなかで、助け合いの心を大切にしたこれらの事業はいっそう重要になるでしょう。近年では、行政や他の団体とも連携しながら地域の見守り・防災協定を結ぶＪＡも増えてきました。総代会資料では多くの場合、介護などの福祉事業については福祉・介護事業、葬祭事業は利用事業、健康管理や生きがいづくり活動は指導事業として記載されています。

組合員を支えるJAの総合事業と活動

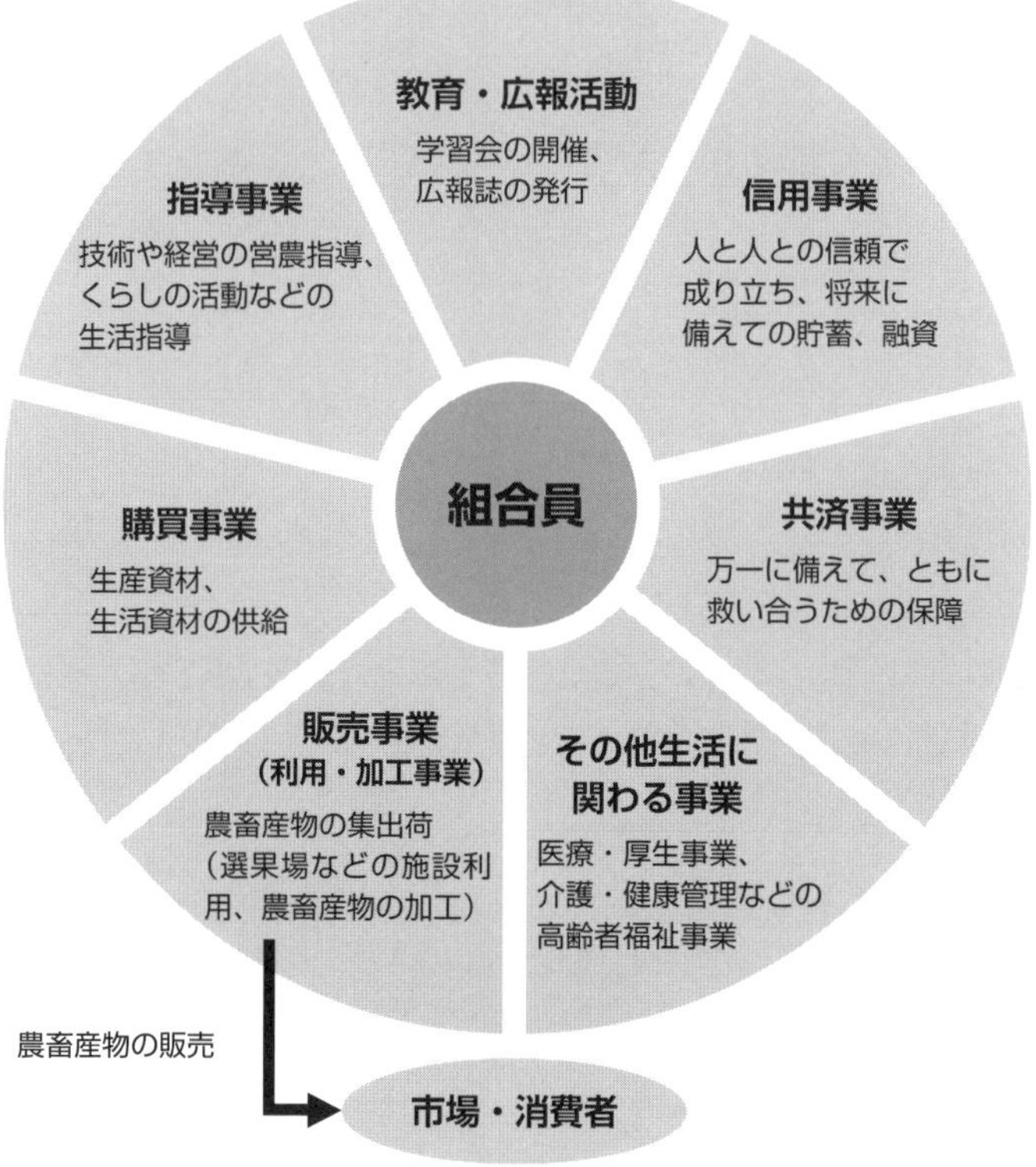

資料：JA 全中『JA ファクトブック 2016』より改変

総合農協は日本独自に発展したしくみ

上図のような総合農協のしくみは、世界的にみてもきわめてまれな形態です。協同組合発祥の地であるヨーロッパでは、農業に関する事業、例えば、酪農や園芸など農業の種類別に販売事業などを行う農協が組織されています。このように、特定の事業のみを行う農協は専門農協と呼ばれ、総合農協とは区別されます。

日本にも、畜産や園芸部門など多くの専門農協がありますが、それらは特定の地帯に限られています。これに対して、総合農協は全国各地に存在し、ほとんどの農家が総合農協の組合員となっています。

第3章

ポイント解説
総代会資料の読み方

総代会資料は厚く、専門的知識を要する項目も含まれます。
しかし、総代会は組合員がＪＡ運営に参画するための
もっとも重要な場ですから、
その内容を一定程度理解する必要があります。
資料の中で押さえておきたい事項をポイント解説します。

1

Q 総代会資料とはどんな資料か？

A 過去1年間のJA運営・事業を振り返り、今後1年間の方針を示した重要な資料です。

第1章で述べたように、協同組合であるJAの組合員は、出資者であり、事業利用者であるとともに、運営の参画者でもあります。ところが、合併して組織が大きくなったJAでは、組合員全員が集まって総会を開いて物事を決めることが困難です。したがって、組合員から総代を選び、総代が総代会に出席することは、JAの運営にとって大変重要な意味を持ちます。第4章でも触れますが、日ごろからそれぞれの立場でJAに意見を述べ、意思を反映することも必要です。とはいえ、協同組合にとって組合員の運営参画の場としてもっとも重要な場が総代会であり、組合員の意思を反映して物事を決める最高の機関に位置します。

総代会には、通常総代会と臨時総代会がありますが、通常総代会は毎年1回必ず開催されます。そこでは、この1年間にＪＡがどのような事業・運営を行い、その結果、決算はどうなったかという事業報告と、これから1年間どのような事業や予算でもってＪＡが運営されるのかが議論・承認されます。また、理事など役員を改選する必要があるときも総代会の議案となります。これらの承認すべき事項が総代会資料として冊子になり配布されます。

表紙には「第○回通常総代会資料」と書かれてあり、ＪＡによっては加えて「協同のあゆみ」「協同のみのり」といったＪＡらしいフレーズが記されているところもあるでしょう。表紙を1枚めくってみると、多くのＪＡでは第1章で説明した「ＪＡ綱領」が掲載されており、わたしたちＪＡの仲間が大切にしている思いや願いが確認されています。ＪＡ綱領の代わりに「農業を振興する」「くらしを見つめる」「地域とともにあゆむ」といった、ＪＡ独自の理念や大切にしている言葉（キャッチフレーズ）などが掲げられているところもあります。総代会資料は、総代会当日の議決すべき事項が提案されており、それに基づき審議・決定するためのものです。ただし表紙やデザイン、中身の記述はＪＡごとに作成されており、そういう意味では当該ＪＡの現状を示す顔ともいうべきものです。

それでは、次項より総代会資料の中身についてみていくことにします。ただし、資料は文章や数値が多く記載されており、ときには専門的な内容も含みます。本章では、「この点だけは押さえておいてほしい」というポイントを簡潔に説明していきます。

Q 2 事業報告の読み方は？

A JAを取り巻く環境、1年間のJAの事業や活動、組織の概況の3つに関して、内容を押さえましょう。

総代会資料には、当日の総代会で審議・承認すべき議案が記されています。具体的には、「第○○回通常総代会提出議案」といった表題があり、いくつか審議すべき事項が並んでいます。たいてい第1号議案として提案されているのは、「令和○年度事業報告及び剰余金処分案の承認について」という項目で、総代会資料の中で多くのページが割かれていることから、重要な議決事項であることがわかります。その中身は「事業報告」「貸借対照表」「損益計算書」「剰余金処分案」、さらには「監査報告」「部門別損益計算書」などからなります。

事業報告は、大きく3つのパートに分けて読むことができます。

1つめは、JAの事業や活動を取り巻く環境、情勢を示した部分です。たいてい1ページほどの文章でまとめられていますが、実は大変重要な部分です。事業や活動の前提となることから、まずはしっかりと理解・認識しておくことが必要です。

２つめは、ＪＡの事業や活動ごとに示された部分で、この1年間、ＪＡがどのようなことに取り組んできたのかが数字も含めてまとめられています。例えば、農畜産物の販売高や購買品の供給高、信用事業における貸出金や貯金高などの実績が、前年度の計画と対比されながら示される場合もあります。計画と実績の違いを見比べながら、なぜそうなったかを考えてみるのもよいと思います。もちろん、こうしたことも含めて事業報告には記述されており、具体的に実施された対策も説明されています。また、事業や活動の実施状況が月を追ってまとめられているので、1年間の歩みを振り返ることができます。

３つめは、ＪＡ組織の概況を示した部分です。正・准別の組合員数（「個数」と「戸数」があるので注意）、出資口数、役員（役員数や常勤・非常勤理事、監事の名簿）の状況、職員（職員数、一般・臨時の別や営農・生活指導員など）の状況、存在する組合員組織やメンバー数、ＪＡが保有する施設の概況などが示されています。これらの資料から、例えば、組合員戸数当たりの出資金はどれくらいか、正・准の組合員比率はどの程度か、どういう人たちが組合長や専務・常務といった常勤役員になっているのか、理事（経営管理委員）の人数、その中で女性の人数はどれくらいかなど、ＪＡ組織の実態を知ることができます。

3

Q 貸借対照表の読み方は?

A 「資産の部」と「負債の部」に分かれており、JAの財産状況をしっかり把握することが大切です。

1年間の事業や活動の成果を数値としていろいろな角度からまとめたのが「決算書類」と呼ばれるもので、総代会資料では「貸借対照表」「損益計算書」などがあり、事業報告ではこれらに加えて「剰余金処分案」「監査報告書」などが掲載されています。「貸借対照表」はバランスシート(B/S)とも呼ばれ、ある時期(例えば、令和○年3月31日現在)のJAの財産状況を示しています。具体的には、JAが資金をどうやって調達したか、および調達した資金をどのような状態で保有しているかを表したものです。表は左右に分かれ、左側(資金の保有状態)が「資産の部」です。右側(資金の調達方法)が「負債」と「純資産」に分かれ、貸借対照表は左右最下段の合計金額が必ず一致し、「資産=負債+純資産」という関係になっています（46ページの表参照）。

左側の「資産の部」は、現金、貸出金、固定資産などＪＡにとってプラスの財産です。総代会資料の貸借対照表を見ると、信用事業、共済事業、経済事業など、ＪＡの事業部門ごとに記されていることがわかります。例えば信用事業であれば、現金、県信連等への預金、組合員への貸出金、経済事業であれば、回収されていない未収金などがここに含まれています。これらの資産は、通常1年以内で現金化され回収できる性格を持つことから、「流動資産」と呼ばれることがあります。続いて、「固定資産」が示されています。固定資産は流動資産と違って長期に保有できるもので、総代会資料では建物、機械装置、土地など有形の固定資産があがっており、固定資産全体に占める割合も高くなっています。

右側上部の「負債の部」は、ＪＡにとってマイナスの財産を示しており「他人資本」と呼ぶこともあります。負債には、組合員からの貯金、県信連や共済連県本部からの借入金、経済事業における未払金といった事業部門ごとのものがあります。続いて、諸引当金として賞与、退職給付などの引当金などが示されています。下部の「純資産の部」は、資産から負債を差し引いたものですが、組合員からの出資金、将来の支出や損失に備えるための利益準備金、後述する当期剰余金などからなります。このように純資産は、負債とは違って返済の必要が必ずしもないという意味で「自己資本」と呼ばれることがあります。

貸借対照表の例（令和○年○月○日現在）

（単位：千円）

科目	金額	科目	金額
（資産の部）		（負債の部）	
1 信用事業資産	119,167,265	1 信用事業負債	121,588,042
(1) 現金	661,579	(1) 貯金	120,808,894
(2) 預金	76,089,976	(2) 借入金	232,516
系統預金	76,027,645	(3) その他の信用事業負債	546,632
系統外預金	62,331	未払費用	59,442
(3) 有価証券	7,072,301	その他の負債	487,190
国債	99,272	2 共済事業負債	1,619,592
金融債	2,473,158	(1) 共済借入金	85,517
社債	2,529,787	(2) 共済資金	782,428
受益証券	1,970,084	(3) 共済未払利息	1,898
(4) 貸出金	35,155,330	(4) 未経過共済付加収入	736,553
(5) その他の信用事業資産	433,039	(5) 共済未払費用	2,687
未収収益	403,270	(6) その他の共済事業負債	10,509
その他の資産	29,769	3 経済事業負債	288,818
(6) 貸倒引当金	△244,960	(1) 経済事業未払金	78,906
2 共済事業資産	90,629	(2) 経済受託債務	194,228
(1) 共済貸付金	85,659	(3) その他の経済事業負債	15,684
(2) 共済未収利息	1,898	4 雑負債	271,193
(3) その他の共済事業資産	3,072	(1) 未払法人税等	84,710
(4) 貸倒引当金	0	(2) リース債務	30,714
3 経済事業資産	938,490	(3) 資産除去債務	25,532
(1) 経済事業未収金	459,824	(4) その他の負債	130,237
(2) 経済受託債権	155,545	5 諸引当金	575,357
(3) 棚卸資産	362,199	(1) 賞与引当金	41,717
購買品	326,151	(2) 退職給付引当金	498,450
その他の棚卸資産	36,048	(3) 役員退職慰労引当金	22,255
(4) その他の経済事業資産	9,502	(4) ポイント引当金	12,935
(5) 貸倒引当金	△48,580	負債の部合計	124,343,002
4 雑資産	889,445	（純資産の部）	
5 固定資産	5,601,890	1 組合員資本	3,514,455
(1) 有形固定資産	5,590,714	(1) 出資金	3,148,345
建物	2,267,384	(2) 利益剰余金	367,227
機械装置	1,058,904	利益準備金	85,700
土地	5,364,850	特別積立金	232,000
リース資産	102,435	当期未処分剰余金	49,527
その他の有形固定資産	1,426,170	（うち当期剰余金）	28,676
減価償却累計額	△4,629,029	(3) 処分未済持分	△1,117
(2) 無形固定資産	11,176	2 評価・換算差額等	2,264,605
6 外部出資	3,113,727	(1) その他有価証券評価差額金	117,339
系統出資	3,079,647	(2) 土地再評価差額金	2,147,266
系統外出資	34,080	純資産の部合計	5,779,060
7 繰延税金資産	320,616		
資産の部合計	130,122,062	負債及び純資産の部合計	130,122,062

※記載金額は千円未満を切り捨てて表示しています。
※上記の数値は仮のものです。

各科目の用語解説

資産の部

信用事業資産
決算日に金庫にあった「現金」、信連や銀行等に預けている「預金」、組合員等に貸している「貸出金」、債権回収不能の事態に備えて積み立てておく「貸倒引当金」など。

共済事業資産
共済契約者に融資している「共済貸付金」、まだ受け取っていない当期分の共済貸付金の利息「共済未収利息」など。

経済事業資産
購買品等で回収していない「経済事業未収金」、販売品の仮渡金や立替金等の「経済受託債権」、購買品等の在庫額「棚卸資産」など。

雑資産
各事業に直接関連しない未収金や立替金など。

固定資産
土地、建物、機械等の購入費、控除分の「減価償却累計額」を含む「有形固定資産」、土地の借地権や電話加入権などの「無形固定資産」。

外部出資
各連合会や関係機関への出資金。

繰延税金資産
JA の会計と税務会計の間の期間に対応するための資産相当分。

負債の部

信用事業負債
組合員から預かっている「貯金」、信連等から借りている「借入金」、未払いの当年度分の貯金や借入金の利息等の「未払費用」など。

共済事業負債
共済貸付に要する共済連から借りた「共済借入金」、共済借入金の利息や共済費用でまだ支払っていない「共済未払利息」など。

経済事業負債
購買品等の仕入代金でまだ支払っていない「経済事業未払金」、農産物販売代金や運賃などの仮受金で未精算の「経済受託債務」など。

雑負債
各事業に直接関連しない未払金や仮受金など。

諸引当金
職員に対する賞与や退職金など、将来予想される支出や損失を想定し、事前に積み立てておくお金。

純資産の部

組合員資本
組合員による「出資金」、農協法に基づく「利益準備金」など。

評価・換算差額等
土地の再評価に関する法律による再評価額と帳簿価格の差など。

4

Q 損益計算書の読み方は？

A 事業利益や経常利益など経営成果を示す資料です。部門別の総利益の状況から把握していきましょう。

「損益計算書」は、一定期間（例えば、令和○年4月1日から翌年3月31日まで）において、JAの事業などによる取引、お金の出入りの総計を示したものです。損益計算書は、収益（Profit）と費用（Loss）の状態を示したもので、「P／L」と表記されることがあります。

損益計算書では、まず「事業総利益」が信用、共済、購買、販売など事業別に示されています。収益から費用を差し引いたものが利益ですから、信用事業収益（JAが受け取った収入）と信用事業費用（JAが支払った費用）との差額が「信用事業総利益」です。つまり、1年間の事業取扱高からかかった費用を差し引いた粗利益を示したのが事業総利益です。事業総利益を事業部門別に見ると、事業によって違いがあります。そこで、例えば事業総利益に占める信用や共済の事業総利益の割合（寄与率）がどの程度なのか、あるいは販売事業総利益を時系列で比べると、農業情勢も含めた変化の様子がより深く理解できるでしょう。

事業総利益から「事業管理費」（ＪＡ職員の給料や役員報酬の人件費、施設の負担費用、水道光熱費など、事業を進めていくための日常的な費用）を差し引いたものが「事業利益」（マイナスの場合は事業損失）です。したがって事業利益は、ＪＡが1年間の事業を通じてどの程度の利益が出たのかをトータルに示す重要な指標です。事業管理費全体に占める人件費の割合（人件費率）や、先に示した事業総利益に占める事業管理費の割合を調べてみるのも興味深いかもしれません。

事業利益から、通常のＪＡ事業から区別された事業外の収益（費用）を加えた（差し引いた）ものが「経常利益」（経常損失）です。ＪＡが外部の団体等に出資をしているところから受け取った配当金（受取出資配当金）や賃貸料収入などが計上されます。したがって経常利益は、ＪＡが広い意味で行っているすべての事業を考慮に入れた利益を示しており、一般企業の決算においても重要な数値として示されるものです。

最後に、経常利益から固定資産の処分など「特別利益」（特別損失）を加えた（差し引いた）ものが「税引前当期利益」、さらに法人税などを調整して最終的に残ったものが「当期剰余金」です。この当期剰余金から当期首繰越剰余金を加えて積立金取崩額を加えたものが「当期未

損益計算書の例（令和○年○月○日から令和○年○月○日まで）

（単位：千円）

科　　目	金　　額		
1　事業総利益			4,495,322
(1)信用事業収益		1,801,757	
資金運用収益	1,100,278		
（うち預金利息）	(33,641)		
（うち有価証券利息）	(116,443)		
（うち貸出金利息）	(950,194)		
役務取引等収益	53,240		
その他経常収益	648,239		
(2)信用事業費用		562,717	
資金調達費用	86,759		
（うち貯金利息）	(75,529)		
（うち給付補填備金繰入）	(5,047)		
（うち借入金利息）	(6,183)		
役務取引等費用	0		
その他事業直接費用	88,665		
その他経常費用	387,293		
（うち貸倒引当金繰入額）	(244,960)		
信用事業総利益			1,239,040
(3)共済事業収益		1,540,161	
共済付加収入	1,467,567		
共済貸付金利息	4,188		
その他の収益	68,406		
(4)共済事業費用		131,671	
共済借入金利息	4,191		
共済推進費	100,850		
共済保全費	0		
その他の費用	26,630		
共済事業総利益			1,408,490
(5)購買事業収益		6,052,305	
購買品供給高	5,117,016		
購買手数料	700,270		
その他の収益	235,019		
(6)購買事業費用		4,566,823	
購買品供給原価	4,416,745		
購買品供給費	42,951		
その他の費用	107,127		
（うち貸倒引当金繰入額）	(45,836)		
購買事業総利益			1,485,482
(7)販売事業収益		7,516,142	
販売品販売高	7,005,197		
販売手数料	206,613		
その他の収益	304,332		
(8)販売事業費用		7,160,135	
販売品販売原価	7,005,197		
販売費	6,864		

科　　目	金　　額		
その他の費用	148,074		
販売事業総利益			356,007
(9)農業倉庫事業収益		12,445	
(10)農業倉庫事業費用		3,615	
農業倉庫事業総利益			8,830
(11)利用・加工事業収益		126,914	
(12)利用・加工事業費用		80,984	
利用・加工事業総利益			45,930
(13)宅地等供給事業収益		42,683	
(14)宅地等供給事業費用		5,137	
宅地等供給事業総利益			37,546
(15)指導事業収入		35,972	
(16)指導事業支出		121,975	
指導事業収支差額			△ 86,003
2　事業管理費			4,015,388
(1)人件費		2,963,606	
(2)業務費		297,829	
(3)諸税負担金		121,685	
(4)施設費		627,190	
(5)その他事業管理費		5,078	
事業利益			479,934
3　事業外収益			203,616
(1)受取雑利息		24,144	
(2)受取出資配当金		30,956	
(3)賃貸料		86,457	
(4)雑収入		62,059	
4　事業外費用			15,220
(1)貸倒損失		0	
(2)寄付金		4,378	
(3)雑損失		10,842	
（うち貸倒引当金繰入額）		(4,766)	
経常利益			668,330
5　特別利益			9,703
(1)一般補助金		9,703	
6　特別損失			10,536
(1)固定資産処分損		1,708	
(2)固定資産圧縮損		8,828	
税引前当期利益			667,497
法人税・住民税及び事業税		2,290	
法人税等調整額		4,694	
法人税等合計			6,984
当期剰余金			660,513
当期首繰越剰余金			18,422
税効果調整積立金取崩額			2,428
当期未処分剰余金			681,363

※記載金額は千円未満を切り捨てて表示しています。
※上記の数値は仮のものです。

各科目の用語解説

事業総利益
信用事業総利益、共済事業総利益、購買事業総利益など、各事業の事業収益から事業費用を差し引いたものの合計額。

事業管理費
役員報酬や職員の給与、社会保険料等の「人件費」、通信・印刷物・事務の電算等の事業に要する事務経費の「業務費」など、事業を遂行するのにかかる費用。

事業利益
事業総利益から事業管理費を引いたもの。

事業外収益／事業外費用
外部出資に対する配当金受入額や各種団体への寄付金など、本来の事業以外での収益・費用。

経常利益
事業利益に事業外収益と事業外費用を加減したもの。JA事業・運営における通常の利益を表す。

特別利益／特別損失
地方公共団体から受け入れた助成金や、土地・建物などの固定資産を処分した際の損益など、当期に特別な事情でかかった損益。

税引前当期利益
当期の収益から、その収益を上げるためにかかった費用を差し引いたもの。経常利益から特別利益と特別損失を加減して算出。

当期剰余金
税引前当期利益から税金（「法人税・住民税及び事業税」「法人税等調整額」）を引いた額。

当期首繰越剰余金
前期から繰り越した剰余金。

当期未処分剰余金
当期剰余金に当期首繰越剰余金と税効果調整積立金取崩額を加えて算出。この額が次項の剰余金処分の対象となる。

損益計算書の流れ

事業収益
－事業費用

事業総利益
－事業管理費

事業利益
＋事業外収益
－事業外費用

経常利益
＋特別利益
－特別損失

税引前当期利益
－法人税など

当期剰余金
＋繰越剰余金など

当期未処分剰余金

処分剰余金」となり、これは次項で取り上げます。このように損益計算書は、人件費なども含めた経営成果を示す事業利益や経常利益を示すものであり、最終的には総代会の議案として重要な当期未処分剰余金が、どのような収益と費用の構造で導かれたかを表しています。事業総利益以下の算出式を改めて示すと、51ページ右下の表のようになります。

事業報告及び剰余金処分に関する議案の末尾に、「部門別損益計算書」（表）が掲載されています。この表では、事業総利益はもとより、「共通管理費等」を差し引いた事業利益、経常利益、税引前当期利益が部門ごとに算出されています。共通管理費等とは、一定の基準に即して、総務部、総合企画室、監査部など管理部門に関わる事業管理費等を各事業部門に配賦したもので、表の欄外に配賦基準や各部門への配賦割合が説明・記載されています。同じく欄外をみると、営農指導事業の費用も信用事業や共済事業をはじめとする他の事業部門に配賦され、「営農指導事業分配賦後税引前当期利益」として掲載されています。

部門別損益計算書では、ＪＡの事業別にみた収支の構造が把握できます。事業総利益における各事業部門の寄与率や、どのレベルの利益段階で、当該の事業が黒字なのか赤字なのかを知るうえで有用です。なお、部門別損益計算書では、事業区分が信用事業、共済事業、以下農業関連事業、生活その他事業、営農指導事業となっており、経済事業（購買事業と販売事業）が組み替えられていたり、生活指導事業が生活その他事業に含められています。

5

Q 剰余金処分案の読み方は？

A 法律に基づくものやＪＡの裁量によるものがあります。積立金や繰越金、配当金の状況を確認しましょう。

剰余金処分案は、損益計算書において示された当期の剰余金と過去の剰余金繰越分等の総計である「当期未処分剰余金」をどのように処分するかを提案したものであり、総代会における重要な議決事項の一つです。剰余金処分案では、まず損益計算書で示された当期未処分剰余金の数値が示されます。続いて「剰余金処分額」「次期繰越剰余金」が示されており、「当期未処分剰余金－次期繰越剰余金＝剰余金処分額」という関係になっています。

剰余金処分額の中身をみると、まずＪＡの経営基盤を安定的にするために一定割合を積み立てるのが「利益準備金」です。この準備金は法律で定められたものであり、「法定準備金」と呼ばれることがあります。それに対して、必ずしも法的な強制ではなく、ＪＡが事業・経営の状況やめざすべき目的に応じて任意に行うもの、つまり総代会の議決で自由に決定できるものが「任意積立金」と呼ばれるものです。これは、施設の整備、リスク管理など経営の安定化、災害対策といったことに充てられるもので「特別積立金」と呼ばれることもあります。

さらに、ＪＡが自由に決められるものとして、剰余金処分額の中から組合員に還元される「出資配当金」と「事業分量配当金（利用高配当金）」があります。第1章でも述べたように、協同組合の出資は配当を目的とする株式会社における株式保有とは考え方が異なることから、出資配当金の配当率には上限が設定されています。一方、事業分量配当金は組合員の事業利用高に応じた配当です。ＪＡごとに定められた基準（定期性貯金の平均残高、長期共済の保有高、生産や生活購買品の供給高など）に応じて配当が行われます。

最後に、次期繰越剰余金には、営農指導や教育・生活文化の改善のための事業に充てるために一定の比率以上を翌年に繰り越すことが、法律で定められています。なお、剰余金処分案では欄外の注記も重要です。当該年度の出資配当金の率や事業分量配当金の基準などが記載されています（55ページ右下☆を参照）。

なお、剰余金処分案の次ページには「監査報告」が掲載されています。ＪＡは独立監査法人と当該ＪＡの監事による監査を受けることになっており、貸借対照表や損益計算書などの決算書類や剰余金処分案が法令や定款などに適合しているか評価・判定されています。

剰余金処分(案)の例 (令和○年度)

(単位：円)

科　目	金　額
1. 当期未処分剰余金	681,363,000
2. 剰余金処分額	437,999,000
（1）利益準備金	150,000,000
（2）任意積立金	210,000,000
○○○○○積立金	110,000,000
○○○○○積立金	100,000,000
（3）出資配当金	27,999,000
（4）事業分量配当金	50,000,000
3. 次期繰越剰余金	243,364,000

※上記はP50の損益計算書における当期未処分剰余金を元にした例です。数値は仮のものです。

各科目の用語解説

当期未処分剰余金
当期の純利益から税金等を差し引き、前期からの繰越剰余金（または繰越損失）を加減したもの。

剰余金処分額
当期未処分剰余金から次期繰越剰余金を引いたもの。ここから、利益準備金、任意積立金、配当金を割り当てる。

利益準備金
農協法により、当年度決算による剰余金のうち一定額を積み立てる積立金。「法定準備金」ともいう。

任意積立金
農協法によって強制されずに、組合の判断で積み立てることができる任意の積立金。定款で特別積立金として定めて、目的別に積み立てられる。

出資配当金
組合員への配当金のうち、出資金の額に応じて配当されるもの。

事業分量配当金
配当金のうち、組合員の事業の利用分量の割合に応じて配当されるもの。

次期繰越剰余金
次年度に繰り越す剰余金。この中には、当期剰余金の20分の1以上を、営農指導・生活文化改善事業に充てることが農協法で定められている。

☆剰余金処分案の各科目に関する補足説明が、「注記事項」などとして欄外に示されている。出資配当金の割合、事業分量配当金の基準、任意積立金のうちの目的積立金の詳細、次期繰越剰余金に含まれている営農指導事業、生活・文化事業に使う繰越額など。

6

Q 事業計画の読み方は？

A 今後1年間のＪＡが歩む方向性が示されています。総代としてどう協力できるか、考えてみましょう。

事業計画は、総代会において事業報告と並ぶ重要な議決事項です。通常、第1号議案として前項まで説明した事業報告、続いて定款や各種規程の変更に関する議案があり、その後に「令和○年度（令和○年4月1日から翌年3月31日まで）事業計画の設定について」などと示されています。事業計画では、当該のＪＡがこれからの1年間どのようなことに取り組むのかが示されていますが、それは大きく3つのパートに分けて読むことができます。

1つめは、基本方針を示した部分で、事業計画の冒頭1ページほどの文章でまとめられており、大変重要な部分です。ＪＡが共有している経営理念に基づいて記されたものであり、ＪＡがどういう方向をめざしているかを改めて確認することができます。

２つめは、営農・経済、生活・福祉、信用・共済、管理といった事業部門ごとに、今後１年間で取り組むべき項目が記述されている部分です。ここでは、新年度の計画数値が前年度実績と並べて示されており、事業報告と同様に両者の違いを見比べながら、数値目標を達成するにはどういう取り組みが重要になるのか、総代の立場で考えてみることが大切です。

３つめは、こうした数値を積み上げて作成された「総合財務計画」（貸借対照表）と「総合損益計画」（損益計算書）で、事業計画の末尾に掲載されています。それぞれの表の読み方は前項までで説明したとおりなので、前年度（事業報告における貸借対照表や損益計算書）と数値を比較してみるのもよいでしょう。

事業計画を適切に実行していくことは、もちろん常勤理事をはじめとする経営者の責任であり、実際に事業を推進していくのは職員の役割です。ただし、ＪＡは組合員が総代として運営に参画する組織であり、事業報告や剰余金処分はもちろんのこと、事業計画も総代会での議決事項、つまり〝みんなで決めた事柄〟です。したがって、ＪＡの事業や運営を経営者や職員任せにするのではなく、総代としてＪＡの事業に関心を持ち、その内容を一定程度理解し、協力できるところはしっかり協力するという姿勢が大切です。

事業計画の承認をもって総代会の議決事項は終了します。ただし、年によっては役員（理事、監事）の選任や理事・監事の報酬額についての議案などが提案されることがあります。

7

Q 総代会資料以外に読むべき資料は？

A　ＪＡの経営・事業概況を知る資料がいくつかあります。総代会資料と併せて読むと理解が深まります。

これまで述べてきたように総代会資料は、ＪＡのこれまで1年間の事業の成果、ならびにこれから1年間の基本方針と事業の計画が文章と実際の数値で示されたものであり、これを元に総代会の議決が行われるという意味で、ＪＡではもっとも重要な資料といえます。ただし、ＪＡでは総代会資料以外にもいくつかの資料を編集・発行しており、いずれもＪＡの事業や経営を進めていくうえで、あるいはＪＡと組合員、地域とを結ぶうえで重要な役割を果たしています。以下、おもなものを紹介しておきます。

①ディスクロージャー誌

もともとディスクロージャー誌とは、毎年企業がその財務状況や業務など経営内容を外部に開示する（ディスクローズ）ために作られた冊子のことで、近年ＪＡにおいても編集・発行されるようになりました。ＪＡの概況、運営の方針、各事業の現況などが関連する数値とともに掲載されています。自己資本の状況に関して記載されているのも特徴で、これによって外部の人がＪＡの経営・財務基盤の安定性について評価することができます。ディスクロージャー誌の分量はＪＡによってさまざまですが、総代会の資料に比べて簡潔にまとめてあるところもあり、ＪＡの事業・経営内容等を把握するには適しているといえます。

②中期経営計画

ＪＡによっては中期総合計画などと呼ぶこともあり、通常3年単位で策定されるので「第○次中期総合3か年計画」などと表記されます。中期経営計画は、総代会資料のように単年度ではなく、向こう3年間（場合によっては6年間）のＪＡの事業・経営計画をまとめたものです。常勤理事や幹部職員をはじめとする役職員はもとより、各方面でリーダーとなっている組合員、ときには外部の専門家も交えて計画が策定されます。

中期経営計画では、ＪＡの経営理念がキャッチフレーズなどで示され、これを踏まえて例えば、農業、暮らし・地域、経営といった観点からいくつかの基本目標が示されます。この基本目標ごとに、これからの3年間の取り組み課題や実践方策が目標数値とともに示されます。中期経営計画の内容を参照したうえで、1年単位で扱われる総代会資料の事業報告や事業計画を読んでみることも重要です。

③地域営農ビジョン、地域農業振興計画

農業者の所得増大や農業生産の拡大をはかることは、ＪＡにとって最重要課題の一つです。多くのＪＡでは営農ビジョンや農業振興計画を策定し、向こう5年間ぐらいを想定しながら農業生産の拡大や担い手づくり、農産物の販路拡大、さらにはこれらを支援するＪＡの営農経済事業のあり方について方向性を定めています。近年の営農ビジョンや農業振興計画では、食の安全・安心や環境への配慮、地産地消の推進なども内容として盛り込まれていることが多く、農業の比重がそれほど高くない総代にとっても重要な資料となります。

以上のほかにもＪＡでは、暮らしに関わる計画や女性部・青壮年部など組合員組織における総会（総代会）資料があります。もちろん定期的に発行されるＪＡの広報誌もあり、最近では支店協同活動の一環として「支店だより」を発行するところも増えてきました。これらのすべてに目を通すことは難しいかもしれませんが、総代として自らの興味や関心、農業や暮らしに関わっている程度に応じて注意をしておけば、総代会資料を手に取って中身を読んだとき、あるいは集落座談会等で説明を聞いたときにより深く考えることができ、新しい気づきもあると思います。

第4章

これからの総代に求められること

地方の人口減少や農業者の高齢化など、
日本の農業・農村が厳しい状況に置かれている今日、
農業者や地域住民一体で農業・地域振興に取り組んでいくために、
さまざまな組合員の声を、ＪＡの運営に
より反映させていくことが求められています。
組合員代表である総代への期待は、ますます高まっています。

1

Q

総代会以外の意思反映のしくみは?

A

集落や支店単位で、また組合員組織に所属して日ごろから意思を伝えることができます。

地区ごとに定期的に開かれる集落座談会や支店運営委員会

総代会は、組合員の意思をＪＡの事業や運営に反映させるしくみですが、当然、総代以外の組合員からの声も聞く必要があります。そこで、さまざまな組合員が思いや願いを反映するために、ＪＡではいろいろな場が設けられています。

一つは、集落座談会などと呼ばれるもので、多くの場合、総代会が開催される何か月か前に、集落を単位として実施されます。そこでは、ＪＡの役職員がすべての集落を回り、ＪＡの事業・運営の現状や計画について説明し、組合員の意見を詳しく聞きながら、総代会での提案事項に反映させます。

また、ＪＡによっては、集落座談会とは別に、「組合員大会」や「組合員と語る夕べ」といった会合を開催するところもあります。

もう一つは、支店（支所）運営委員会と呼ばれるものです。ＪＡの支店ごとに、ＪＡに関わる人（当該地域の理事や総代、生産部会や女性組織のリーダー、支店担当職員など）が定期的に集まって意見交換を行います。最近では「支店協同活動」の一環として支店運営委員会を置くところも増えてきました。

共有する思いや課題をＪＡ運営に反映させる組合員組織

ＪＡでは、さまざまな人が組合員となっています。そこで、立場や属性、住んでいる地域、栽培作物や農業経営の形態ごとに活動する多くの組織が存在し、それらは組合員組織と呼ばれています。

こうした組織をつくる目的は、共通の関心や目的を持った組合員・メンバーが集まり、活動することとです。と同時に、自分たちの意思をＪＡ運営に反映させることも大切な役割です。

つまり、組合員が居住する地域、青年や女性、農業経営者などには、固有の思いや悩みがあるはずですから、共通の関心を持ち同じ立場にある仲間の意思を確認し、それらをＪＡの事業や運営に反映させるのです。ＪＡの主な組合員組織には、女性組織、青（壮）年部、生産部会などがあります。

女性組織は、女性部あるいは女性会などと呼ばれます。長年、健康管理や共同購入など、暮らしをよりよくするための活動を展開してきました。近年では、助け合い、地産地消や食農教育に関わる活動、さらには環境問題や子育て支援に取り組むところもあります。活動の方法もさまざまで、趣味や目的別の小グループをつくったり、若い女性の仲間が集まりフレッシュミズ組織をつくっているところも多くあります。

青年部（青壮年部）は、農業や地域を支える農業青年が中心となって、農業経営や政策に関する学習会を開いて営農改善に役立てるとともに、農業青年の声を政策にも反映させる活動を行います。また、地域や女性組織などと連携して農作業体験や食農教育活動に取り組むところもあります。近年では「ポリシーブック」を作成し、青年部員が自ら課題を認識し、解決に向けて討議し、行政や関係機関に対する提言につなげる活動を展開しています。

生産部会は、稲作、園芸、畜産など、栽培・経営の部門ごとにつくられ、作目に関する生産・出荷計画を話し合い、技術や経営・販売に関する活動を行います。近年では、有機栽培や減農薬の農産物を手がける生産者、農産物直売所（ファーマーズマーケット）への出荷者、地域の学校給食に農産物を提供する生産者の組織もみられます。

これらのほかにも、助けあい組織、年金友の会など、ＪＡにはさまざまな組合員組織が存在します。

組合員の運営参画をもっと積極的に

「アクティブ・メンバーシップ」という言葉を聞いたことがあるでしょうか。これは「協同組合において、組合員が積極的に組合の事業や活動に参加すること」をいい、とくにＪＡでは、「ＪＡの理念や地域の農業をしっかりと理解することによって、積極的に事業を利用し活動に参加すること」をいいます。

合併などでＪＡの組織が大きくなり、事業が専門化して職員の役割が大きくなるなかで、ＪＡが協同組合らしい事業や活動を展開して社会的な役割を発揮していくためには、総代になる組合員もアクティブ・メンバーシップの考え方を実践することが重要になっています。

組合員は〝お客さん〟ではありません。ＪＡの組織が自分たちの出資で成り立っていることを自覚し、事業利用や活動参加、意思反映や運営参画に積極的でなければなりません。そのために支店を中心に組合員の声を仲間で共有し、事業や活動、運営に反映させていくことが重要になっています。

2

Q

ＪＡ運営に女性の力が求められる理由は？

A

地域農業の発展や家族の暮らしを守るには女性の活動が欠かせないからです。

農業分野にこそ必要な男女共同参画社会の実現

１９９９年に「男女共同参画社会基本法」が制定されました。そこでは、「男女共同参画社会とは、性別や世代、立場を超えて、一人一人がその能力を発揮しながら対等な立場で意思を反映し、活動に参画できる社会のこと」とされています。これは、ＪＡをはじめとする協同組合がめざす社会と同じです。協同組合は、一人一人が参加・参画することによって協同の力を発揮し、思いや願いを実現して暮らしを守ること、さらには、組合員が暮らす地域社会をよりよくすることを目的としているからです。

よく知られているように、農業に従事しているのは半分以上が女性です。とくに近年では、地産地消や食農教育、加工や販売、農村都市交流やグリーンツーリズムなどの取り組みの多くが女性中心の活動であり、こうした活動を展開し地域農業を発展させていくうえでも、ＪＡ運営に女性の参画を進めることが大変重要になっています。

ＪＡ女性組織がめざすもの

女性の参画を進めるうえで、ＪＡ女性組織の役割も重要です。その活動は、時代とともに変化してきました。例えば、１９８０年代から90年代にかけては、牛肉やオレンジなどの農畜産物の輸入自由化が進展し、食の構造が大きく変化しました。農協婦人部（当時）では、いち早く輸入農産物の安全性問題を取り上げ、港に出向いて輸入食品の安全性に関する調査を行い、消費者と手を結んで食の安全を訴えました。また、それまでの農協婦人部からＪＡ女性組織と名称を変更し、１９９５年には新しい「ＪＡ女性組織綱領」が定められました。

さらに21世紀に入ってからは、地産地消や食農教育、環境問題などに取り組むとともに、ＪＡへの女性の組合員加入や総代・理事への登用など女性参画を進めることによって、ＪＡ運営に女性の声を反映していくことを重要課題としています。

ＪＡ女性組織綱領には、次のように記されています。

一、わたしたちは、力を合わせて、女性の権利を守り、社会的・経済的地位の向上を図ります。
一、わたしたちは、女性の声をJA運動に反映するために、参加・参画を進め、JA運動を実践します。
一、わたしたちは、女性の協同活動によって、ゆとりとふれあい、たすけあいのある、住みよい地域社会づくりを行います。

主語は「わたしたち」です。すべてを他人任せにするのではなく、志を同じくする仲間が集まり自主的に運営すること、家族の暮らしの課題を解決すると同時に、社会に貢献する組織として役割を果たすことを目標にしています。

女性参画を進めるために必要なこと

現在、JAグループでは女性参画を進めるために、①女性の正組合員30％以上（2021年7月調べ、22・9％）、②女性総代15％以上（同、10・2％）、③女性理事等15％以上（同、9・4％）の目標を立てています。またJA全国女性組織協議会でもこの目標と、女性組織メンバーの全員が正・准組合員になることをめざして、女性参画を積極的に推進しています。

もちろん、数値目標の達成だけが目的ではありません。数値目標の実現は、よりよいＪＡづくりを行っていくための手段です。女性職員の登用なども含めて、女性がやりがいを持って働ける職場づくりも重要でしょう。地域の農業や暮らしを担っている人たちはだれか、ＪＡをよりよくしていくために、どのような人たちの声に耳を傾けなければならないか。このことをしっかり考えることが重要です。

残念ながら、これまでのＪＡ運営は、どちらかといえば〝家〟を重視した世帯主義でした。つまり、1つの世帯（戸）で1人（通常は男性の世帯主）が組合員資格を持っていたわけで、この傾向は今なお続いています。この場合、世帯主以外の家族は「みなし組合員」として、ＪＡの事業が利用できるしくみになっています。ところが、こうした状態では、食や農について関心を持つ人、地域でさまざまな活動に従事している人、とりわけ、女性や後継者の意見をＪＡ運営に十分反映させることができません。

第1章で述べたように、ＪＡは出資者である組合員が事業を利用し、運営に参画する組織です。それは一人一人の思いや願い、各自が持っている力を発揮して暮らしや地域をよりよくするという考え方に根ざしています。わたしたちは、男女や年齢を問わず一人一人が組合員になり、そこから総代が選ばれて運営に参画していくという姿勢が必要になります。

3

Q 准組合員はＪＡ運営にどう関われるの？

A 准組合員も大切な仲間です。総代会をはじめ、さまざまな場で声を聞くことが重要になっています。

ＪＡに准組合員制度が存在する理由

ＪＡは農業協同組合ですから、農業者がつくる協同組合です。11ページで紹介した農協法第1条においても、ＪＡは「農業者の協同組織」であることが定められています。具体的には、それぞれのＪＡにおいて、例えば耕作面積が30アール以上とか、年間の農業従事日数が90日以上など、農業者としての組合員の資格や必要な条件を定めています。こうした農業者である組合員を、ＪＡでは正組合員と呼びます。

さらにＪＡでは、農地を所有せず、農業に従事していなくても組合員になることができます。ＪＡが存在する地域に住み、ＪＡの事業（信用や共済、生活店舗や福祉などの事業）を利用することを望む場合、定められた出資金を払えば組合員になることができます。こうした組合員を准組合員と呼んでいます。准組合員制度は、ＪＡの他に漁協にもありますが、世界中を見渡してもきわめてまれな制度です。

ではなぜ、准組合員制度が存在するのでしょうか。

ＪＡは、第二次世界大戦後間もなく発足しましたが、営農関連の事業だけではなく、信用や共済、生活購買事業といった、わたしたちの暮らしに関わる多くの事業から成り立っています。こうしたＪＡの事業は、当時の農村地域では、農民だけではなく一般の地域住民に対しても重要な役割を果たすと考えられていました。実際にＪＡの事業がなければ、暮らしに困る人たちが多く存在したわけで、こうした配慮から准組合員制度が設けられたとされています。

また、日本の協同組合制度は、今から１００年以上も前の１９００年に誕生した産業組合に始まります。そこでは、組合員については職業を問わないとしていました。こうした歴史的な背景も、准組合員制度を設けることに影響を与えたとされています。

正組合員と准組合員の違い

正組合員と准組合員とでは、ＪＡ運営への関与の仕方に大きな違いがあります。

すなわち、正組合員も准組合員もＪＡの事業を利用できる（自益権と呼びます）のに対して、総会（総代会）で議決に参加できるのはあくまで正組合員であり（21ページの表参照）、准組合員にはその権利（共益権と呼びます）がありません。また、総代会で選出される理事などの経営に関わる役員については、ＪＡごとに定められている理事定数全体の３分の２以上は正組合員でなければなりません。

こうした准組合員に対するいくつかの制限は、戦後、農協制度をつくるに際して、ＪＡはあくまで農業協同組合であり、農民を中心に運営されることを基本にするという考え方があったからです。

とはいえ、現在のＪＡにとっては生産者と消費者との結びつきを強めるためにも、１人でも多くの地域の人たちに農業や食料問題の大切さを知ってもらうことが重要になっています。そのためには、65ページでアクティブ・メンバーシップの考え方を紹介したように、立場や属性に関わらず一人一人の組合員が積極的に事業を利用し、活動に参加し、運営に参画することが求められています。

もちろん、ここでいう「運営に参画する」というのは、総代会の場だけを指すのではなく、さまざまな場を通して声を反映するということです。

准組合員の意見をＪＡ運営に反映させるために

准組合員とひと口に言っても、その属性はさまざまです。元々は農家だったけれども事情があって農業から退いた人、信用や共済、店舗に魅力を感じてＪＡの事業を利用するために准組合員になった人、あるいは農業は行っていないけれども地域の農産物や食の問題に関心があり、農産物直売所の利用や食農教育活動に参加している人などです。いずれにせよ、こうした人たちは地域の農業の応援団であり、実際に地域活動を担っている人もいるはずで、ＪＡにとっては大切な仲間です。

そこで最近、いくつかのＪＡでは、総代会において議決権のない准組合員の声を聞くために、准組合員も含めて座談会を開催したり、支店（支所）運営委員会の中に准組合員がメンバーとして加入しているところがあります。さらには、正組合員だけではなく准組合員の意見・要望をＪＡの事業や運営に反映することを目的として「准組合員総代」を選び、総代会に出席して意見を述べることができるように運営を工夫しているところもみられます。

いずれにせよ、これからのＪＡにとっては、准組合員を単にＪＡの一利用者としてのみ位置づけるのではなく、暮らしや農・食の問題に関心を持つ組合員として声も聞きながら、ＪＡが大切にしている思いや願いを理解してもらうことが必要になっています。したがって、准組合員を含めた地域のさまざまな声を拾うことも、総代に求められる重要な役割です。

4

Q　ＪＡ自己改革で総代の役割はどう変わる？

A　今後もＪＡが農や食、地域社会を支えるために、総代の役割はますます重要になっています。

ＪＡ全国大会の開催と「創造的自己改革」

ＪＡグループでは3年に1度、ＪＡ全国大会を開催します。事業や活動に取り組むのは地域のＪＡですが、それが個々バラバラでは大きな力になりません。そこで、ＪＡ全国大会を開催し、これから先、ＪＡとして重点的に取り組むべきことについて討議・決定します。これを受けて、大部分の都道府県においてもＪＡ大会が開催されます。ＪＡは、全国大会の方針や地域の実情を考慮して決められた都道府県ごとの方針に基づきながら、事業や活動を展開します。

２０１２年10月に開催された第26回ＪＡ全国大会のテーマは、「『次代へつなぐ協同』～協同組合の力で農業と地域を豊かに～」、続いて２０１５年に開催された第27回ＪＡ全国大会のテーマは、「創造的自己改革への挑戦～農業者の所得増大と地域の活性化に全力を尽くす～」でした。さらに、２０１９年に開催された第28回ＪＡ全国大会では、「創造的自己改革の実践～組合員とともに農業・地域の未来を拓く～」を、２０２１年の第29回ＪＡ全国大会では、「持続可能な農業・地域共生の未来づくり～不断の自己改革によるさらなる進化～」を決議しました。こうしたテーマの背景には、近年、政府がＪＡにさまざまな改革を求めたことがあります。

２０１６年に改正農協法が施行されました。具体的には、①ＪＡの事業目的を従来の「組合員の最大奉仕」とともに、「農業所得の増大に最大限に配慮する」ことを追加する。②理事構成を、原則として過半数を認定農業者あるいは農畜産物販売や法人等の経営に関する実践的能力を有する者とするとされています。なお、議論となった「准組合員の事業利用を制限すべき」については、実態調査を経て５年後の２０２１年に結論が出され、それぞれのＪＡが准組合員の意思反映と事業利用についての方針を策定し、総会（総代会）で決定するものとされました。

ただし、政府に言われたから、法律が改正されたから改革を行うのではありません。組合員や役職員がより意識を高く持ち、創意工夫を重ねながら、地域にとってなくてはならない組織をめざそうとするのが、ＪＡが行うべき創造的自己改革です。

自己改革でＪＡがめざすもの

今日重要なことは、生産者と消費者も含めて、いろいろな立場の人たちが農業や食料、暮らしを守っていくために手と手をつなぐことです。人と人との信頼関係を大切にし、互いを理解し納得し合いながら力を合わせようとする社会の実現です。このためにＪＡグループでは、①持続可能な農業の実現、②豊かでくらしやすい地域社会の実現、③協同組合としての役割発揮という3つの姿をめざしています。①では、消費者の信頼に応えながら安全・安心な国産農畜産物を供給すること、②では、総合事業のよさを生かして地域の生活を守っていくことが必要です。そして③では、ＪＡが「食と農を基軸として地域に根ざした協同組合」として、農業者だけではなく食に関心を持つ人たちも積極的に関わる組織として、農業や地域の発展のために役割を果たすことが求められています。

もちろん、ＪＡは農業者の協同組合ですから、「農業者の所得増大」や「農業生産の拡大」が最重要の取り組み課題です。とくに、大規模な農業生産法人や地域農業を積極的にリードする農業経営体を育成することが求められており、こうした担い手に対してＪＡは、営農指導事業や経済事業、さらには融資をはじめとする信用事業など、さまざまな事業を行う総合力の強みを生かして支援を行うことができます。近年では、担い手の経営基盤を強化するためにＴＡＣ（Team for Agricultural Coordination）と呼ばれる、地域農業の担い手対応を行う専任担当者を配置し、農業経営の現場に直接出向きながらさまざまな支援を行うＪＡも増えてきました。また、「県域担い手サポートセンター」が設置され、連合会や中央会も含めて県内のＪＡグループが協力し合いながら、大規模な農業の担い手に重点を置いた支援も行われています。

その一方で、ＪＡ綱領にも示されているように、農業経営者への支援を行い地域の農業を振興すると同時に、地域を活性化し豊かな地域社会づくりをめざすこともＪＡの重要な役割です。近年の地域の実情は、人口の減少や少子高齢化の進展、医療・年金・福祉などに関する負担の増大、安全・安心をはじめとする食の問題への不安、農林地の遊休化や自然環境の荒廃など、さまざまな課題を抱えています。

こうした状況のなかでＪＡは、地域に密着しながらさまざまな事業や活動を展開し、組合員だけではなく地域全体の生活基盤（インフラ機能）を守る役割を果たしてきました。人口減少問題や地方創生が叫ばれる今日、こうしたＪＡの機能はこれからますます重要になります。とくに食農教育をはじめ、健康管理、環境保全、高齢者の生活や子育て支援、女性大学の開講などを内容とするＪＡくらしの活動や支店協同活動に積極的に取り組みながら、組合員や地域住民のさまざまなニーズ（願いや期待）に応えるとともに、地域が抱えている課題を解決していくことが重要になっています。

地域の人々の声を伝えることと職員とともにＪＡをつくるという役割

ＪＡの自己改革が進むなか、総代にはどのような役割が求められているでしょうか。

それは農業も含めたわたしたちの暮らしと地域を見つめ直し、解決していきたい問題やこうありたいという姿を描いてみること、そして、このことを実現するためにＪＡの事業や活動をもっとよりよくできないかと考えてみることではないでしょうか。そのためには、総代会はもちろんのこと、それに限らずさまざまな機会を見つけていろいろな人と話し合い、そこでの話し合いをよりどころにしてＪＡに思いや願いを届けることが総代の大事な役割だと言えるでしょう。

また、ＪＡにとって組合員は主人公ですが、実際に事業や活動を行っていくうえで職員の役割は欠かすことができません。組合員や総代にとって職員はよきパートナーです。職員とコミュニケーションをとり、ともに考え（共育）、ときには一緒に活動して汗をかき（共働）、よりよい暮らしや地域を築くために役立つＪＡをつくる（共創）という姿勢が重要になります。農と食や地域社会とより緊密に結びつき、これからもＪＡが協同組合としてなくてはならない存在になるために、組合員代表として総代に寄せられる期待は、ますます大きくなっていくでしょう。

〈おもな参考文献・資料〉

北川太一『１時間でよくわかる楽しいＪＡ講座』家の光協会、２０１４年
全国農業協同組合中央会編集・発行（北川太一・柴垣祐司編著）『農業協同組合論』２００９年
全国農業協同組合中央会編集・発行『私たちとＪＡ 10訂版』２０１３年
全国共同出版編集・発行『ＪＡ総代の手引 第17版』２０１６年
阿部四郎『農協総代会の手引き』農山漁村文化協会、２００４年
協同組合経営研究所編集・発行『新 協同組合とは〈改訂版〉そのあゆみとしくみ』２００７年
ＪＡ全中編集・発行『ＪＡファクトブック ２０１４』２０１４年
阿部四郎『総代になったあなたに 総代会の基礎知識』日本農業新聞、２０１３年
家の光協会編集・阿部四郎解説「特別企画 ＪＡ総代会資料の読み方」『地上』２００６年５月号
家の光協会編集・阿部四郎解説「総代会資料の読み方」『地上』２００２年３月号
全国農業協同組合中央会「『次代へつなぐ協同』～協同組合の力で農業と地域を豊かに～」（第26回ＪＡ全国大会決議）２０１２年10月
全国農業協同組合中央会「創造的自己改革への挑戦～農業者の所得増大と地域の活性化に全力を尽くす～」（第27回ＪＡ全国大会決議）、２０１５年10月

※本書は、前著『1時間でよくわかる楽しいJA講座』の内容も踏まえていること、第3章で掲載した数値例・用語解説や図表については、家の光協会出版本部の方々のお手を煩わせたことをお断りしておきます。

●著者
北川太一（きたがわ・たいち）
摂南大学農学部教授。1959年兵庫県生まれ。京都大学博士（農学）。鳥取大学農学部助手、京都府立大学農学部講師・助教授、福井県立大学経済学部教授を経て、現職。福井県立大学名誉教授、放送大学客員教授を務める。主な著書に『新時代の地域協同組合 教育文化活動がJAを変える』（家の光協会）、『農業協同組合論』（編著、全国農業協同組合中央会）、『いまJAの存在価値を考える 「農協批判」を問う』（家の光協会）、『1時間でよくわかる 楽しいJA講座』（家の光協会）などがある。『家の光』にて、JAや協同組合をわかりやすく解説する記事を監修。

JA組合員のための
総代ハンドブック

2016年11月1日　第1刷発行
2023年 9 月10日　第16刷発行

著　者　北川太一
発行者　木下春雄
発行所　一般社団法人 家の光協会
〒162-8448　東京都新宿区市谷船河原町11
電　話　03-3266-9029（販売）
03-3266-9028（編集）
振　替　00150-1-4724
印刷　株式会社リーブルテック
製本　株式会社リーブルテック

 ISBN978-4-259-52189-9 C0061